KREATIV.INSPIRATION.

Die Reihe für alle DIY-Fans und Handarbeitsbegeisterten,
die tiefer in ein Thema oder eine Technik
einsteigen wollen und die nach Inspiration suchen.
Entdecken Sie die Ideenreihe mit einer großen Auswahl
an originellen Projekten und Anleitungen.
Lassen Sie sich inspirieren und werden Sie kreativ!

VÖGEL
FÜTTERN

VÖGEL
FÜTTERN

**Dekorative Futterstellen
durchs ganze Jahr**

INHALT

VORWORT

Es macht jeden Winter wieder Freude, ein Futterhaus aufzustellen und die Piepmätze dabei zu beobachten, wie sie über die Leckereien herfallen. In diesem Buch finden Sie viele Ideen für Lande- und Fressplätze für Vögel – eine schöne als die andere. Es wird Ihnen schwer fallen, sich zu entscheiden. Vielleicht sollten Sie erst einmal überlegen, wo der Futterplatz hinkommen soll, denn es gibt Varianten zum Aufstellen oder zum Aufhängen, eher kleinere und eher größere Modelle, robuste und filigrane. Dann können Sie nach Herzenslust sägen, feilen, hämmern und anstreichen und das Häuschen noch nach eigenen Wünschen verschönern. Sicher ist schon mal, dass es die kleinen Tiere bei Ihnen gut haben und dass sie gut über den Winter kommen werden.

Viel Spaß wünscht Ihnen Ihre

MATERiAL & WERKZEUG

Ausserdem:

Gewindestab, Messingstab, Aluminiumrohr, Gliederkette, Schlüsselring, Dachschindeln, Dachfirst, Birkenrechtecke (fürs Dach), Porzellanschale, -teller, -tasse, Kreisschneider, Stich- oder Dekupiersäge, Maulschlüssel, dicke Nähnadel, Löffel, Topf

Leimholz, Sperrholz
Vierkantstäbe, Rechteckleisten,
Rundholzstäbe, Kanthölzer,
Holzkugeln, Naturäste

Schmirgelschwamm
Holzfeile
Schleifpapier

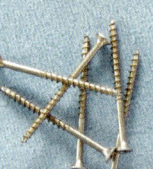
Kleine Zange

(Spax-)Schrauben,
Unterlegscheiben, Muttern,
Verbindungshülsen, Gewinde-
muffen, Nägel, Schraubhaken und
Schraubhaken mit offenem Ring,
Ringschrauben mit Gewinde

Hammer

Bohrmaschine und Bohrer
Forstnerbohrer, Glasbohrer

Vogelfutter: Fertiggläser, Meisenknödel,
(Maxi-)Futterstangen, Äpfel, loses Futter wie Nüsse,
Sonnenblumenkerne,
Erdnüsse in der Schale,
Pflanzenfett
(zum Verkleben
des losen Futters)

Pinsel in verschiedenen Größen

wasserfester Stift
Bleistift

Spitzer

Cutter
mit Unterlage

kleine spitze Schere

Holzfarbe,
Holzlasur,
Acrylfarbe

wasserfester Leim,
Sekundenkleber

Paketschnur, Draht in Silber,
Schleifenband, Kordel, Chiffonband

Heißkleber

9

SO WiRD'S GEMACHT

Holzarbeiten

VORLAGEN ÜBERTRAGEN

Die Vorlagen finden Sie in Originalgröße auf den Vorlagebögen. Um diese auf das Holz zu übertragen, müssen Sie zunächst eine Schablone anfertigen. Dafür die Vorlage auf Transparentpapier abpausen, auf ein Stück Pappe kleben und ausschneiden. Dann die Pappe auf das Holz legen und mit einem Bleistift umfahren. Markieren Sie auch die Bohrlöcher.

HOLZ SÄGEN

Sie können die Teile entweder mit der Laubsäge, mit der Dekupiersäge oder mit der Stichsäge aussägen. Zum Sägen spannen Sie das Werkstück am besten mit einer Schraubzwinge auf Ihrer Arbeitsplatte fest. So verhindern Sie ein Rutschen des Holzes und erleichtern sich das Aussägen. Dann mit der Laubsäge das Motiv an der vorgezeichneten Linie durch lockere Auf-und-ab-Bewegungen der Säge aussägen.

INNENFLÄCHEN AUSSÄGEN

Wenn Sie Innenflächen aussägen möchten, müssen Sie zunächst ein Loch in die Innenfläche bohren. Das Sägeplatt durch das Loch fädeln. Dann wie gewohnt entlang der Linie sägen.

Mit einer Stich- oder Dekupiersäge können Sie leichter gerade Schnitte sägen. Bei einer Laubsäge werden die Ränder meistens leicht ungerade.

KANTEN BEARBEITEN

Nach dem Sägen sollten Sie auf jeden Fall die Kanten und Sägeflächen glätten. Dafür grobe Unebenheiten mit einer Raspel bzw. Feile bearbeiten und glätten. Danach alle Kanten und Flächen mit einem Schleifpapier glätten.

SCHRAUBEN UND NAGELN

Bevor Sie eine Schraube eindrehen, müssen Sie das Loch vorbohren. Dann die Schraube ansetzen und senkrecht mit dem Schraubendreher in das Werkstück eindrehen. Achten Sie darauf, dass das Bohrloch etwa ein Drittel kleiner ist als der Schraubendurchmesser.

Nägel halten besser, wenn Sie sie schräg einschlagen. Damit das Holz nicht reißt, schlagen Sie nicht mehrere Nägel in die gleiche Holzfaser, sondern bringen Sie diese leicht versetzt an.

HINWEIS:
Achten Sie darauf,
dass die Nägel und Schrauben
an keiner Stelle herausschauen,
da sich die Vögel
verletzen können.

RICHTIG FÜTTERN

Die heimischen Vögel unterscheidet man in Körnerfresser und Weichfutterfresser. Zu den Körnerfressern zählen Fink, Sperling, Zeisig und Gimpel. Sie fressen am liebsten Sonnenblumenkerne und andere grobe Körner. Weichfutterfresser sind Rotkehlchen, Heckenbraunelle, Zaunkönig, Amsel und Star. Sie gewinnt man mit Haferflocken, Mohn, Kleie, Rosinen und Obst. Es gibt aber auch Vogelarten, z.B. Meise, Specht und Kleiber, die beide Futtersorten gerne essen.

VOGELFUTTER SELBER MACHEN

Wenn Sie nicht fertiges Vogelfutter kaufen möchten, lässt sich Vogelfutter auch ganz einfach selber herstellen. Dafür brauchen Sie: Pflanzenfett, Weizenkleie oder verschiedene gehackte Nüsse (es geht auch eine fertige Vogelfuttermischung) und Salatöl. Erhitzen Sie das Fett, bis es flüssig ist. Geben Sie dann die Kleie oder die Nüsse hinzu. Rühren Sie etwas Salatöl unter, damit das Futter bei starker Kälte nicht bricht. Die flüssige Masse in eine Form gießen und evtl. einen Holzstab oder eine Naturschnur zum Aufhängen in die Masse legen. Jetzt muss alles nur noch gut trocknen.

Dieses Futter können Sie entweder in Ihrem Garten aufhängen oder in den Futterplatz legen. Natürlich können Sie auch einfach verschiedene Körner mischen und in den Futterplatz legen.

Füttern Sie keine Salze, kein reines Fett wie Margarine oder Butter und nichts, was durchfrieren kann (z.B. Apfelstücke).

FUTTERZEITEN

Die Winterfütterung richtet sich nach dem Wetter. Spätestens wenn der Frost kommt, werden die natürlichen Futterquellen weniger. Sie können aber natürlich schon früher mit der Fütterung beginnen.

Weitere Tipps für Ihren Futterplatz

DER RICHTIGE STANDORT

- Achten Sie darauf, dass Sie den Standort Ihres Futterplatzes so wählen, dass Sie die Vögel zwar beobachten können, diese sich aber geschützt und sicher fühlen. Nur dann können die Tiere in Ruhe fressen.

- Die Futterstelle sollte so gebaut sein, dass das Futter nicht nass wird. Falls die Futterstelle kein Dach hat, wählen Sie einen Standort, der geschützt ist.

- Reinigen Sie Ihre Futterstelle regelmäßig. Hierbei am besten eine Bürste und klares Wasser verwenden. Sie sollten zum Schutz der Tiere auf starke Chemikalien verzichten.

- Bieten Sie den Tieren neben dem Futter auch Wasser an. Hier genügt eine flache Tonschale.

FRÜHLiNG

VOGELHAUS „DE LUXE"

in luftigen Höhen

1   Sägen Sie zunächst alle Teile aus Holz zu.
Aus dem 1,8 cm starken Leimholz sägen Sie:
1x 25 cm x 25 cm (Befestigungsplatte auf dem Kantholz)
1x 30 cm x 30 cm (Bodenplatte)
2x 4,7 cm x 4,7 cm (Deckel Futterturm)
1x 9 cm x 9 cm (Deckel Futterturm)
Den Giebel sägen Sie zweimal gemäß der Vorlage aus dem 1,8 cm starken Leimholz zu.

2   Aus dem 4 mm starken Sperrholz sägen Sie:
2x 26 cm x 36 cm (Dach)
2x 24 cm x 15 cm (unteres Teil Futterturm)
2x 24 cm x 15,8 cm (unteres Teil Futterturm)
1x 15,8 cm x 15,8 cm (Abdeckplatte unteres Teil Futterturm)
2x 8 cm x 7 cm (oberes Teil Futterturm)
2x 8 cm x 7,8 cm (oberes Teil Futterturm)
1 x 7,8 cm x 7,8 cm (Abdeckplatte oberes Teil Futterturm)

MOTIVHÖHE

38,5 cm

MATERIAL

Fichtenleimholz, 1,8 cm stark, 60 cm x 60 cm

Sperrholz, 4 mm stark, 85 cm x 75 cm, und 6 mm stark, 26 cm x 7 cm

Vierkantstab, 1 cm x 1 cm, 2,50 m lang, und 2 cm x 2 cm, 1,70 m lang

Rechteckleiste, 1 cm x 4,7 cm, 1,30 m lang

imprägniertes Kantholz, 7 cm x 7 cm, 1,20 m lang

Holzfarbe in Weiß

Holzlasur in Hellgrün

Bodenhülse, 7,1 cm x 7,1 cm, 75 cm lang

4 Schrankverbindungshülsen, ø 5 mm, 3 cm lang

Spaxschrauben, 2x ø 5 mm, 8 cm lang, und 1x ø 3,5 mm, 5 cm lang

4 Sechskantschrauben, ø 1 cm, 3,5 cm lang (Befestigung Kantholz in Bodenhülse)

4 Unterlegscheiben, ø 3 cm, Innendurchmesser: 1,03 cm (Befestigung Kantholz in Bodenhülse)

Päckchen Nägel, ø 1,4 mm, 2,5 cm lang

20 Streifen Mini-Dachschindeln in Grün, 50 cm x 5 cm

Dachfirst in Grün, 50 cm x 11 cm

wasserfester Stift in Schwarz

wasserfester Leim

Bohrer, ø 2 mm und ø 6 mm, und Bohrmaschine

VORLAGE

Bogen A

● ● ●

3 Sägen Sie aus der Abdeckplatte für das untere und das obere Teil des Futterturms mittig jeweils ein 4,8 cm x 4,8 cm großes Quadrat aus. Sägen Sie aus den 24 cm x 15 cm großen Teilen für das untere Teil des Futterturmes an den kürzeren Seiten mittig 2 cm x 13 cm große Ausschnitte aus. Zeichnen Sie für jede Dachhälfte an einem Ende der längeren Seite mittig einen 4,6 cm x 7,8 cm großen Ausschnitt auf und sägen Sie ihn aus. Sägen Sie das Welcome-Schild gemäß Vorlage aus dem 6 mm starken Sperrholz aus.

4 Teilen Sie die 1 cm x 4,7 cm großen Rechteckleisten in zwei 30 cm lange und zwei 32 cm lange Stücke. Sägen Sie für das untere Futterturmteil die 1 cm x 1 cm großen Vierkantleisten in vier 24 cm lange und acht 13 cm lange Stücke. Sägen Sie für das obere Futterturmteil vier 8 cm lange und acht 5 cm lange Stücke. Sägen Sie die 2 cm x 2 cm großen Vierkantleisten gemäß der Vorlage zu. Glätten Sie alle Kanten der Holzteile mit Schleifpapier und einem Schmirgelschwamm.

5 Zeichnen Sie auf die 30 cm x 30 cm große Bodenplatte mittig ein 15,8 cm x 15,8 cm großes Quadrat für den Futterturm auf. Zeichnen Sie jeweils 5 cm von den Außenrändern entfernt vier Löcher auf die Bodenplatte auf und bohren Sie die Löcher mit ø 6 mm. Legen Sie die Befestigungsplatte für das Kantholz mittig unter die Bodenplatte und übertragen Sie darauf die Löcher. Durchbohren Sie auch die Abdeckplatte für das untere Teil des Futterturms. Jetzt nageln Sie die 1 cm x 4,7 cm großen Rechteckleisten um die Außenplatte der Bodenplatte. Nageln Sie die 2 cm x 2 cm großen Vierkantleisten oben und seitlich an den Dachgiebel. Wenn Sie möchten, können Sie die Löcher vorbohren.

6 Bauen Sie den Futterturm zusammen. Hierzu bauen Sie zunächst das Grundgerüst aus den 1 cm x 1 cm großen Vierkantleisten. Legen Sie die 13 cm langen Leisten zu einem Quadrat und leimen Sie die 24 cm langen Leisten an den Ecken senkrecht daran an. Gut trocknen lassen. Jetzt leimen Sie die restlichen 13 cm

langen Leisten von unten an den Rand der 15,8 cm x 15,8 cm großen Abdeckplatte. Anschließend leimen Sie beides aufeinander. Genauso fertigen Sie das obere Teil: Hier die je 5 cm langen Leisten zu einem Quadrat legen und die 8 cm langen Leisten am Ende senkrecht anleimen. Leimen Sie die verbleibenden 5 cm langen Leisten von unten an die 7,8 cm x 7,8 cm große Abdeckplatte.

7 Leimen Sie den Deckel des Futterturms zusammen, indem Sie die 4,7 cm x 4,7 cm großen Holzstücke oben und unten mittig auf das 9 cm x 9 cm große Holzstück leimen. Anschließend die Verbindung mit der kürzeren Schraube sichern. Leimen und nageln Sie die Sperrholzteile von außen an die Grundgerüste und leimen Sie das obere und untere Teil des Futterturms zusammen. Befestigen Sie den Turm mit Nägeln von der Unterseite der Bodenplatte aus. Nageln Sie die Giebel seitlich an den Leisten und von unten an der Bodenplatte fest. Wenn Sie möchten, können Sie die Löcher mit ø 2 mm vorbohren. Nageln Sie das Dach auf.

8 Wenn alles getrocknet ist, malen Sie das Vogelhaus mit weißer Holzfarbe an. Die Farbe wiederum gut trocknen lassen. Malen Sie das Welcome-Schild mit der hellgrünen Holzlasur an. Ist auch diese Farbe getrocknet, bringen Sie den Schriftzug mit dem wasser-

festen Stift an. Dann das Schild mittig auf einen Giebel aufnageln.

9 Schneiden Sie für die Abdeckung des Daches 20 Schindelreihen von je 36 cm Länge zu. Achten Sie darauf, dass Sie zehn Reihen versetzt schneiden, d. h. mit je einer halben Schindel beginnend. Nageln Sie anschließend auf jede Dachseite zehn Schindelreihen, wobei die erste Reihe umgekehrt, d. h. mit der glatten Seite nach unten zeigend angebracht wird. So ist die Dachfläche komplett abgedeckt. Bringen Sie bei einer Schindelreihe und beim First einen Ausschnitt für den Futterturm an.

10 Schrauben Sie die Befestigungsplatte mit den längeren Schrauben auf das Kantholz. Befestigen Sie das Kantholz mit den Sechskantschrauben und den Unterlegscheiben in der Bodenhülse. Befestigen Sie nun den Futterturm mit den Schrankverbindungshülsen auf der Befestigungsplatte.

NÄCHSTER RASTPLATZ
FUTTERBANK

Nehmen Sie Platz!

1 Zeichnen Sie für den Boden der Bank ein 16 cm x 25 cm großes Rechteck und für die vordere Kante der Bank eine 4 cm x 28,6 cm große Leiste auf das Leimholz auf. Die Rückenlehne und die beiden Seitenteile zeichnen Sie gemäß der Vorlage auf das Leimholz auf, die Blume auf das Sperrholz. Sägen Sie alle Teile mit einer Stich- oder Dekupiersäge aus und versäubern Sie die Kanten mit Schleifpapier und einer Holzfeile.

2 Malen Sie wie abgebildet die Bank mit der kieferfarbenen Holzlasur und die Armlehnen und die Blume mit Acrylfarbe an. Lassen Sie die Farbe trocknen. Bohren Sie dann für die Schraubhaken 2 cm tiefe Löcher mit ø 1,5 mm gemäß der Vorlage in die Armlehnen und in die Rückenlehne der Bank.

3 Leimen Sie nun mit wasserfestem Leim alle Teile der Bank zusammen und schlagen Sie nach dem Trocknen die Nägel ein. Die Blume wird von der Vorderseite aus an die Bank genagelt; verwenden Sie hierzu den einen kürzeren Nagel.

4 Drehen Sie die Schraubhaken in die Bohrungen. Teilen Sie die Paketschnur in vier 70 cm lange Stücke. Ziehen Sie jeweils die Enden der vier Schnurstücke durch die Schraubhakenköpfe und verknoten Sie sie. Die anderen Enden der Paketschnur bündeln und mit einem Knoten zusammenbinden.

MOTIVHÖHE

22 cm

MATERIAL

Fichtenleimholz, 1,8 cm stark, 60 cm x 45 cm

Sperrholzrest, 6 mm stark

Holzlasur in Kiefer

Acrylfarbe in Elfenbein, Karibik und Gelb

Päckchen Nägel, ø 1,4 mm, 3 cm lang

Nagel, ø 1 mm, 1,5 cm lang (Befestigung der Blume)

4 Schraubhaken, ø 3 mm, 1,2 cm lang

Paketschnur in Natur, ø 3 mm, 2,80 m lang

Bohrer, ø 1,5 mm, und Bohrmaschine

VORLAGE

Bogen A

GLEITSCHIRM AUS LAMPENFOLIE

gute Thermik

1　Kleben Sie die selbstklebende Folie faltenfrei auf die Lampenschirmfolie. Stellen Sie eine Schablone des Daches her. Zeichnen Sie die Umrisse des Daches mit einem wasserfesten Stift auf die Unterseite der Lampenschirmfolie und schneiden Sie das Dach aus.

2　Schneiden Sie seitlich zwei Löcher mit ø 6 mm mit einer kleinen, spitzen Schere gemäß der Vorlage in das Dach. Stechen Sie für die Aufhängung ein kleines Loch mit einem Cutter in die Mitte des Daches. Spitzen Sie nun den Rundholzstab mit dem Spitzer an einer Seite an. Bemalen Sie die Rundholzkugel mit der gelben Acrylfarbe und lassen Sie die Farbe gut trocknen.

3　Bringen Sie an dem einen Ende der Paketschnur einen Knoten an. Ziehen Sie die Paketschnur von der Unterseite des Daches aus durch das Loch in der Dachmitte. Fädeln Sie die Rundholzkugel darauf auf. Das andere Ende der Paketschnur verknoten Sie zu einer Schlaufe. Nun können Sie das Futter, z. B. einen Apfel oder eine Orange, auf den Rundholzstab aufspießen oder Futtersäckchen daran aufhängen.

MOTIVHÖHE
17 cm

MATERIAL
Lampenschirmfolie in Weiß halbtransparent, A 3
selbstklebende Folie in Grün mit weißen Punkten, A 3
Rundholzstab, ø 6 mm, 40 cm lang
Holzkugel, gebohrt, ø 3 cm

Acrylfarbe in Gelb
Paketschnur in Natur, ø 3 mm, 30 cm lang
Spitzer

VORLAGE
Bogen A

● ● ○

SOMMER

HÄUSCHEN FÜR FUTTERGLÄSER

einfach (und) schön

1 Sägen Sie die Rückwand des Häuschens gemäß der Vorlage und für die Ablagefächer zwei 10 cm x 10 cm große Stücke und zwei 8,2 cm x 10 cm große Stücke aus dem Fichtenleimholz zu. Für das Dach sägen Sie ein 20 cm x 17 cm und ein 21,8 cm x 17 cm großes Rechteck zu. Bearbeiten Sie alle Kanten mit Schleifpapier und einer Holzfeile.

2 Leimen Sie für die Ablagefächer jeweils ein kürzeres und ein längeres Leimholzstück zusammen und anschließend auch die Teile für das Dach. Lassen Sie alles gut trocknen. Fixieren Sie die Ablagefächer mit je zwei Nägeln und das Dach mit drei Nägeln, die Sie jeweils vom längeren Stück in das kürzere Stück schlagen. Beachten Sie, dass Sie bei den Ablagefächern 2,5 cm vom vorderen Rand entfernt keine Nägel einschlagen, da hier noch die Löcher für die Rundholzstäbe gebohrt werden.

3 Bohren Sie nun für die Rundholzstäbe wie abgebildet jeweils ein 2 cm tiefes Loch mit ø 6 mm in die Vorderseite der Ablageflächen. Bohren Sie in die Rückwand des Häuschens mittig und 6,5 cm vom oberen Rand entfernt ein Loch mit ø 1 cm. Bohren Sie direkt oberhalb dieser Bohrung ein weiteres Loch mit ø 6 mm. Bearbeiten Sie die Bohrungen innen vorsichtig mit einer Feile, sodass ein Schlitz für den Aufhängenagel entsteht.

MOTIVHÖHE

42,5 cm

MATERIAL

Fichtenleimholz, 1,8 cm stark, 45 cm x 55 cm

2 Rundholzstäbe, ø 6 mm, je 7 cm lang

Holzlasur in Grau und Grün

21 Nägel, ø 1,4 mm, 3,5 cm lang

60 Flachkopfnägel, ø 1,2 mm, 1 cm lang

Nagel zum Aufhängen, ø 3 mm, 5 cm lang

8 Reihen Dachschindeln in Grau, 50 cm x 5 cm

Dachfirst in Grau, 50 cm x 11,5 cm

2 Fertiggläser mit Vogelfutter

Bohrer, ø 6 mm und 1 cm, und Bohrmaschine

VORLAGE

Bogen B

4 Lasieren Sie den Korpus und die Ablagefächer in Grün, die Rundholzstäbe und das Dach in Grau. Lassen Sie die Farbe gut trocknen. Leimen Sie die Ablagefächer 5 cm und 20 cm vom unteren Rand entfernt mittig auf die Rückwand und fixieren Sie sie von der Rückseite aus mit jeweils vier Nägeln. Leimen Sie die Rundholzstäbe in die Löcher ein. Leimen Sie das Dach bündig an die Rückwand und fixieren Sie es nach dem Trocknen auf jeder Dachseite mit drei Nägeln.

5 Bringen Sie die Schindeln an. Da die Schindeln versetzt liegen, müssen Sie einige Schindeln halbieren. Beginnen Sie an den unteren Dachkanten und arbeiten Sie sich nach oben. Die erste Schindelreihe wird umgekehrt aufgenagelt, damit die komplette Dachfläche abgedeckt ist. In den folgenden Reihen die Reihen abwechselnd mit einer ganzen Schindel und mit einer halben Schindel beginnen. Nageln Sie die Reihen nacheinander leicht überlappend auf, sodass Sie mit acht Reihen pro Dachseite auskommen. Nageln Sie zum Schluss den First an der Spitze des Daches fest und bestücken Sie die Futterstelle mit den Futtergläsern.

ROMANTISCHE VILLA

für schöne Stunden

1 Sägen Sie aus dem 1,8 cm starken Fichtenleimholz eine 28 cm x 28 cm große Bodenplatte und zweimal gemäß der Vorlage die Seiten und Giebel des Hauses zu. Sägen Sie für das Dach ein 23 cm x 18 cm großes und ein 23 cm x 19,8 cm großes Teil zu. Sägen Sie die Seiten des Vordachs zweimal gemäß der Vorlage aus. Sägen Sie für die Fenster aus dem 4 mm starken Sperrholz sechs 5,5 cm x 5,5 cm große Teile, für die Tür ein 6,5 cm x 9 cm großes Teil und für das Vordach ein 18,6 cm x 5,5 cm großes Teil.

2 Teilen Sie die 5 mm x 5 mm große Quadratleiste für die Fensterumrandungen und -sprossen in zwölf 5,5 cm lange Teile, achtzehn 4,5 cm lange Teile und zwölf 2 cm lange Teile. Sägen Sie für den Zaun aus der Quadratleiste zwei 5,5 cm lange Stücke zu. Sägen Sie für die Tür die 5 mm x 1 cm große Rechteckleiste in sechs 9 cm lange und zwei 6,5 cm lange Teile. Sägen Sie die mittlere Querstrebe gemäß der Vorlage zu. Für den Zaun vier Teile gemäß der Vorlage sägen. Sägen Sie aus der 1 cm x 4,7 cm großen Rechteckleiste zwei 30 cm lange und zwei 28 cm lange Teile für die Umrandung der Bodenplatte zu. Sägen Sie außerdem ein 7 cm langes Stück für die Treppe.

3   Sägen Sie für die Zierleisten auf dem Haus
    aus der 3 mm x 2 cm großen Rechteckleiste
    zwölf 30 cm lange Stücke für die Giebel und
    zwölf 20,5 cm lange Stücke für die Wände.
    Legen Sie je sechs passende Leisten auf jede
    Wand, übertragen Sie die Schrägen und
    Ausschnitte und sägen Sie die Leisten. Orien-
    tieren Sie sich auch an der Vorlage. Für die
    Dachschindeln sägen Sie aus der 4 mm x
    3,3 cm großen Leiste zwölf 23 cm lange Stücke
    und aus der 4 mm x 2,8 cm großen Leiste zwei
    23 cm lange Stücke. Sägen Sie für die Unter-
    seite des Daches aus der 1 cm x 1 cm großen
    Quadratleiste zwei 10 cm lange und zwei
    11 cm lange Teile zu. Glätten Sie alle Kanten
    mit Schleifpapier und einem Schleifschwamm
    (Villa 1, Villa 2).

4   Malen Sie die Teile wie abgebildet mit der
    Holzlasur und -farbe an. Malen Sie einige graue
    Punkte auf das Vordach. Lassen Sie die Farbe
    gut trocknen. Nageln Sie die Zierleisten auf das
    Haus und die Randleisten um die Bodenplatte
    (Villa 3). Leimen und nageln Sie die Hausteile
    aneinander. Leimen Sie die Fenster zusammen
    und die Türleisten und Querstreben auf die Tür
    auf. Sichern Sie die Querstreben durch Nägel.
    Die Leisten für den Zaun wie abgebildet senk-
    recht auf den Quadratleisten befestigen. Eben-
    falls zusätzlich mit Nägeln sichern. Leimen Sie
    die Treppe auf und die Teile des Vordaches
    zusammen. Alle Teile wie abgebildet mit
    Holzleim auf den Wänden und Giebeln des
    Hauses befestigen.

5   Leimen und nageln Sie das Dach zusammen: Nageln Sie auf der Dachunterseite 4,6 cm von den seitlichen Rändern entfernt auf jeder Seite die Quadratleisten an. Nageln Sie dann auf jeder Seite des Daches sechs 4 mm x 3,3 cm große Dachleisten auf. Beginnen Sie am unteren Rand des Daches und befestigen Sie die Leisten mit Nägeln, sodass sie sich ca. 5 mm weit überlappen. Nageln Sie die zwei 2,8 cm breiten Leisten an den First. Zum Schluss nageln Sie das Haus mittig auf die Bodenplatte und füllen das Vogelfutter ein.

MOTIVHÖHE
35 cm

MATERIAL
Fichtenleimholz, 1,8 cm stark , 60 cm x 86 cm (für Bodenplatte, Haus, Dach, Seiten Vordach)

Sperrholz, 4 mm stark, 30 cm x 30 cm (für Vordach, Fenster und Tür)

Rechteckleiste, 1 cm x 4,7 cm, 1,30 m lang (für Umrandung Bodenplatte und Treppe), 3 mm x 2 cm, 6,50 m lang (für Zierleisten der Hauswände), 1 cm x 2,7 cm, 7 cm lang (Treppe), 5 mm x 1 cm, 1 m lang (für Tür und Zaun), 4 mm x 3,3 cm, 2,80 m lang (für Dach), 4 mm x 2,8 cm, 50 cm lang (für Dach)

Quadratleiste, 5 mm x 5 mm, 2 m lang (für Fenstersprossen und Zaun), und 1 cm x 1 cm, 45 cm lang (für Unterseite Dach)

Holzlasur in Hellgrün, Kiefer und Taubenblau

Holzfarbe in Weiß, Schwarz und Grau

Päckchen Nägel, ø 1 mm, 1,2 mm lang, mit breiterem Kopf: ø 1 mm, 1,4 mm lang (für Befestigung der Dachleisten), ø 3 mm, 1,8 cm lang (für Befestigung der Hausteile aneinander und Befestigung Haus an Grundplatte)

VORLAGE
Bogen B

• • •

ITALIENISCHES CAFÉ

Sitzen unter der Markise

1   Sägen Sie ein Brett und drei Keile gemäß der Vorlage aus dem Fichtenleimholz aus. Sägen Sie eine Scheibe mit ø 7,5 cm aus dem 8 mm starken Sperrholz und ein 21 cm x 23 cm großes Dach aus dem 4 mm starken Sperrholz aus. Bohren Sie für den Schraubhaken ein 0,5 cm tiefes Loch mit ø 1,5 mm oben mittig in die Rückwand.

2   Bearbeiten Sie alle Kanten mit Schleifpapier und einer Holzfeile. Streichen Sie die Rückwand, die Scheibe und den größeren Keil mit der kieferfarbenen Holzlasur an. Malen Sie das Dach und die zwei kleineren Keile mit weißer Holzfarbe an. Zeichnen Sie graue Streifen auf das Dach auf. Alles gut trocknen lassen. Schneiden Sie das Wachstuch gemäß der Vorlage zu.

3   Durchbohren Sie den Unterteller mittig mit dem Glasbohrer. Leimen Sie den größeren Keil gemäß der Vorlage auf die Rückwand auf und lassen Sie den Leim trocknen. Dann den Keil mit zwei Schrauben von der Rückseite aus zusätzlich fixieren. Kleben Sie die Scheibe mittig, 1,5 cm vom vorderen Rand entfernt auf den Keil. Ziehen Sie eine Unterlegscheibe auf eine Schraube auf und verschrauben Sie von oben den Unterteller mit der Scheibe und dem Keil. Jetzt können Sie die Tasse mit Sekundenkleber auf dem Unterteller fixieren.

4   Bringen Sie nun auch die Keile für das Dach gemäß der Vorlage an und fixieren Sie sie von der Rückseite aus mit je zwei Schrauben. Leimen Sie das Wachstuch am unteren Rand des Daches fest. Anschließend leimen Sie das Dach auf die Keile, sodass es rechts und links gleich weit übersteht. Eventuell mit einigen Nägeln von der Vorderseite aus an den Keilen fixieren. Zum Schluss drehen Sie den Schraubhaken oben in die Rückwand, füllen die Tasse mit Vogelfutter und hängen die Futterstelle auf.

MOTIVHÖHE

50 cm

MATERIAL

Fichtenleimholz, 1,8 cm stark, 55 cm x 35 cm

Sperrholz, 8 mm stark, 10 cm x 10 cm, und 4 mm stark, 21 cm x 23 cm

Holzlasur in Kiefer

Holzfarbe in Weiß und Grau

7 Spaxschrauben, ø 3 mm, 3,5 cm lang

Unterlegscheibe

Schraubhaken, ø 8 mm, 3,2 cm lang

Rest Wachstischdecke in Orange marmoriert, 23 cm x 6 cm

Tasse in Weiß mit braunem Muster, ø 8,5 cm, 6 cm hoch, und Untertasse, ø 14 cm

Sekundenkleber

Bohrer, ø 1,5 mm, und Bohrmaschine

Glasbohrer, ø 5 mm

VORLAGE

Bogen B

HERBST

HOLZBRETT MIT VÖGELCHEN UND KRANZ

Hier gibt's was zum Naschen

1. Sägen Sie mit der Stichsäge die oberen 15 cm des Brettes ab. Übertragen Sie den Vogel auf das abgesägte Stück und sägen Sie ihn aus. Bohren Sie für die Aufhängung zwei 2 mm tiefe Löcher mit ø 1,5 mm oben in das Brett, jeweils 1 cm von den Seiten entfernt. Bohren Sie für die Aufhängung des Kranzes ein weiteres Loch mittig in die Vorderseite des Brettes, 16 cm vom oberen Rand entfernt. Außerdem für den Ast ein 2 cm tiefes Loch mit ø 7,5 mm mittig und 13,5 cm entfernt vom unteren Rand entfernt bohren.

2. Lasieren Sie das Brett in Palisander und das Vögelchen in Cognac. Gut trocknen lassen, dann die Punkte mit Holzfarbe auf das Vögelchen tupfen. Drehen Sie die Schraubhaken oben und vorne in die angebohrten Löcher und leimen Sie den Vogel ca. 2,5 cm vom oberen Rand entfernt mittig auf. Leimen Sie den Ast in die untere Bohrung. Alles gut trocknen lassen, dann den Vogel von der Rückseite des Brettes aus mit vier Nägeln fixieren.

3. Ziehen Sie das Paketband durch die oberen Schraubhaken und verknoten Sie die Enden miteinander. Durchstechen Sie die Erdnüsse mit der Nähnadel und ziehen Sie sie auf den Draht auf. Den Draht zu einem Kranz formen. Die Enden des Drahts miteinander mit der Zange verdrehen und abzwicken. Das Schleifenband an den Kranz knoten, durch den Schraubhaken ziehen und festknoten.

MOTIVHÖHE
50 cm

MATERIAL
sägeraues Brett, 2,3 cm stark, 15 cm x 65 cm

Ast, ø 7,5 mm, 8 cm lang

Holzlasur in Palisander und Cognac

Holzfarbe in Weiß

3 Schraubhaken, ø 4 mm, 2,3 cm lang

4 Nägel, ø 1,6 mm, je 3,5 cm lang

Paketschnur in Natur, ø 4 mm, 90 cm lang

24 Erdnüsse in der Schale

Draht in Silber, ø 1 mm, 50 cm lang

Schleifenband in Hellblau-Weiß, 1 cm breit, 25 cm lang

Bohrer, ø 1,5 mm und 7,5 mm, und Bohrmaschine

dicke Nähnadel

kleine Zange

VORLAGE
Bogen B

RETRO-TASSEN

zum Reinschlüpfen

1 Kleben Sie die Äste mit Heißkleber gegenüber von den Tassenhenkeln und bündig mit dem Tassenboden in die Tassen.

2 Erhitzen Sie das Kokosfett und mischen Sie das Vogelfutter, die Nüsse und die Sonnenblumenkerne unter. Lassen Sie die Masse erkalten, bis sie fast erstarrt. Füllen Sie die Masse mit einem Löffel bis kurz unterhalb des Tassenrands ein. Vorsicht: Wenn die Masse zu warm ist, löst sich der Heißkleber. Drücken Sie das Vogelfutter in der Tasse fest.

3 Ziehen Sie die Gliederketten jeweils durch die Tassenhenkel und verbinden Sie die Enden jeweils mit einem Schlüsselring.

MOTIVHÖHE

17 cm

MATERIAL

2 Tassen mit Blumen-, Punkte- und Karomuster in Rosa und Hellblau, ø 8,5 cm, je 10,5 cm hoch

2 Äste, ø 9 mm, je 16 cm lang

2 Gliederketten, Gliederstärke: ø 3 mm, je 50 cm lang

2 Schlüsselringe, ø 1,6 cm

150 g Kokosfett

Vogelfutter, Nüsse und Sonnenblumenkerne

Heißklebepistole und Heißkleber

KRONE MIT APFELSCHMUCK

für Diamantendiebe

1 Übertragen Sie die Krone auf das Fichtenleimholz und sägen Sie die Krone und den
Ausschnitt mit einer Stich- oder Dekupiersäge aus. Durchbohren Sie für den Messingstab
die Krone gemäß der Vorlage an den Seiten
von außen nach innen. Bohren Sie auch die
Löcher für die Aufhängung (ø 4,5 mm) und für
den Ast (ø 7 mm). Bearbeiten Sie die Kanten
mit Schleifpapier und einer Holzfeile. Streichen Sie die Krone mit der weißen Holzfarbe
und lassen Sie die Farbe gut trocknen.

2 Schieben Sie den Ast bis zur Hälfte in die
Bohrung. Ziehen Sie die Paketschnur als
Aufhängung durch die Spitze der Krone und
verknoten Sie die Enden der Schnur. Nun
können Sie den Messingstab durch die eine
Bohrung schieben, das Vogelfutter, z.B. einen
Apfel, aufstecken und den Stab durch die
zweite Bohrung schieben.

MOTIVHÖHE
30,5 cm

MATERIAL
Fichtenleimholz, 1,8 cm stark,
30 cm x 35 cm

Ast, ø 7 mm, 12 cm lang

Holzfarbe in Weiß

Paketschnur in Natur, ø 3 mm,
35 cm lang

Messingstab, ø 4 mm, 21 cm lang

Bohrer, ø 4,5 mm und 7 mm, und
Bohrmaschine

VORLAGE
Bogen A

EULE MIT PILZ

ein wachsamer Begleiter

1   Übertragen Sie die Teile für die Eule von der Vorlage auf das Holz. Der Körper der Eule wird aus Fichtenleimholz gefertigt, die Augen und der Pilz aus dem 1 cm starken, die Pupillen aus dem 6 mm starken Sperrholz. Sägen Sie alle Teile mit einer Stich- oder Dekupiersäge sorgfältig aus. Bearbeiten Sie die Innen- und Außenkanten mit Schleifpapier und einer Holzfeile. Bohren Sie für die Schraubhaken 2 mm tiefe Löcher mit ø 1,5 mm. Bemalen Sie die Teile wie abgebildet mit der Holzlasur. Lassen Sie alles gut trocknen.

2   Leimen Sie die Pupillen auf die Augen auf und nageln Sie sie nach dem Trocknen von der Rückseite aus mit den 1,5 cm langen Nägeln fest. Leimen Sie die Augen-Schnabel-Partie und den Pilz auf den Körper der Eule und nageln Sie sie ebenfalls von der Rückseite aus mit je zwei 2,5 cm langen Nägeln fest. Drehen Sie die Schraubhaken in die angebohrten Löcher ein und hängen Sie die Eule mit der Paketschnur auf. Das Vogelfutter können Sie am unteren Schraubhaken im Ausschnitt befestigen.

MOTIVHÖHE

26 cm

MATERIAL

Fichtenleimholz, 1,8 cm stark, 25 cm x 30 cm

Sperrholz, 1 cm stark, 15 cm x 15 cm, und Rest, 6 mm stark

Holzlasur in Cognac, Ebenholz, Rosenrot, Weiß und Bernstein

Nägel, 2x ø 1 mm, 1,5 cm lang, und 4x ø 1,4 mm, 2,5 cm lang

2 Schraubhaken, ø 4 mm, 2,3 cm lang

Paketschnur, ø 3 mm, 45 cm lang

Bohrer, ø 1,5 mm, und Bohrmaschine

VORLAGE

Bogen A

● ● ○

VOGELHAUS MIT BLÄTTERN

niedlicher Unterschlupf

1 Übertragen Sie den Korpus der Futterstelle auf das Fichtenleimholz. Den Ausschnitt sägen Sie mit einem Kreisschneider mit ø 9,5 cm. Sägen Sie für das Dach ein 17,8 cm x 6 cm und ein 15 cm x 6 cm großes Rechteck zu. Übertragen Sie die Blätter auf das Sperrholz und sägen Sie sie aus. Bearbeiten Sie die Kanten mit Schleifpapier und einer Holzfeile. Bohren Sie oben am Ausschnitt ein 2 mm tiefes Loch mit ø 1,5 mm für den Schraubhaken. Hier müssen Sie leicht schräg bohren. Bohren Sie für den Rundholzstab ein 2 cm tiefes Loch mit ø 1 cm gemäß der Vorlage.

2 Streichen Sie die Teile des Daches, den Korpus und den Rundholzstab mit palisanderfarbener Holzlasur. Verdünnen Sie für die Blätter die Holzfarbe mit Wasser und malen Sie die Blätter leicht schattiert an. Lassen Sie die Farbe gut trocknen.

3 Bringen Sie den kleineren Schraubhaken im Ausschnitt an. Leimen Sie den Rundholzstab in die Bohrung, dann die Blätter aufleimen. Leimen Sie das längere Stück des Daches im rechten Winkel auf das kürzere Stück und lassen Sie den Leim trocknen. Fixieren Sie die Teile des Daches zusätzlich mit zwei Schrauben. Leimen Sie das Dach wie abgebildet auf den Korpus auf und befestigen Sie es zusätzlich auf jeder Seite von oben mit einer weiteren Schraube.

4 Nageln Sie die Birkenrechtecke als Dachschindeln auf jede Dachseite. Beginnen Sie unten und bringen Sie in jeder Reihe zwei Nägel an. Die Birkenstücke überlappen sich um ca. 8 mm. Bohren Sie oben in der Mitte des Firsts ein 5 mm tiefes Loch mit ø 1,5 mm und schrauben Sie darin den größeren Schraubhaken fest. Schneiden Sie ca. 10 cm von der Kordel ab und hängen Sie ein Futtersäckchen in den Ausschnitt des Häuschens. Mit der restlichen Kordel hängen Sie das Vogelhaus auf.

MOTIVHÖHE
29 cm

MATERIAL
Fichtenleimholz, 2,8 cm stark, 25 cm x 40 cm
Sperrholz, 8 mm stark, 12 cm x 12 cm
Rundholzstab, ø 1 cm, 7 cm lang
14 Birkenrechtecke, 3,5 cm x 8 cm
Holzlasur in Palisander
Holzfarbe in Ocker und Hellgrün
Schraubhaken, ø 4 mm, 2,3 cm lang, und ø 8 mm, 3,2 cm lang

4 Spaxschrauben, ø 3 mm, 5 cm lang
28 Flachkopfnägel, ø 1 mm, je 1,5 cm lang
Kordel in Natur, ø 5 mm, 80 cm lang
Bohrer, ø 1 mm, 1,5 mm, 1 cm und Bohrmaschine
Kreisschneider, ø 9,5 cm

VORLAGE
Bogen A

● ● ○

WiNTER

HÄNGENDE KOKOSNUSS

ein wenig Südsee für den Winter

1   Bringen Sie mit dem Kreisschneider einen Ausschnitt auf der Vorderseite der Kokosnuss an. Entfernen Sie innen das Fruchtfleisch mit einem Löffel. Bringen Sie oben an der Kokosnuss im Abstand von 2 cm zueinander zwei Bohrungen mit ø 3,5 mm für die Aufhängung an.

2   Bohren Sie das Loch für den Ast mit ø 7,5 mm. Stecken Sie den Ast durch die Bohrung, sodass er ca. 5 cm weit aus der Kokosnuss herausschaut. Ziehen Sie die Paketschnur von außen nach innen durch die beiden oberen Bohrungen und verknoten Sie die Enden der Schnur auf der Innenseite der Kokosnuss miteinander.

3   Schmelzen Sie das Pflanzenfett und mischen Sie das Vogelfutter darunter. Etwas erkalten lassen. Füllen Sie dann das Vogelfutter mit einem Löffel in die Kokosnuss, bis diese fast randvoll ist. Kühl stellen, damit die Masse fest wird.

MOTIVHÖHE

12,5 cm

MATERIAL

Kokosnuss, ca. 11 cm x 12,5 cm

Ast, ø 7,5 mm, 10 cm lang

Paketschnur, ø 3 mm, 80 cm lang

500 g Kokosfett

Nüsse, Sonnenblumenkerne, Vogelfutter

Bohrer, ø 3,5 mm und 7,5 mm, und Bohrmaschine

Kreisschneider, ø 5,2 cm

Löffel

HÄUSCHEN MIT WEINFLASCHE

Da ist viel drin!

1 Sägen Sie die Rückwand des Häuschens gemäß der Vorlage zu. Sägen
Sie für das Dach ein 21,8 cm x 11,5 cm
und ein 20 cm x 11,5 cm großes
Rechteck und für die Bodenplatte ein
20 cm x 16 cm großes Rechteck zu.
Sägen Sie für die Flaschenauflage
zwei 15 cm x 3 cm große Stücke und
für den Flaschenanschlag ein 6 cm x
3 cm großes Stück zu.

2 Teilen Sie die Vierkantleiste in zwei
14 cm lange Stücke und ein 20 cm

MOTIVHÖHE

42 cm

MATERIAL

Fichtenleimholz, 1,8 cm stark,
45 cm x 50 cm

Vierkantleiste, 2 cm x 2 cm, 50 cm lang

Holzlasur in Weiß

Spaxschrauben, 20x ø 3,5 mm, 3,5 cm
lang, und 2x ø 2 mm, 1,8 cm lang
(Befestigung Gurtband)

Weinflasche mit Schraubverschluss,
ca. 31 cm hoch

Rest Rolladengurtband, 2,2 cm breit,
47 cm lang

Bohrer, ø 3 mm, und Bohrmaschine

Forstnerbohrer, ø 1,5 cm

VORLAGE

Bogen A

● ● ●

langes Stück. Bohren Sie mit dem Forstnerbohrer das Loch für die Aufhängung in die Rückwand
und sägen Sie die Schlitze für das Gurtband gemäß der Vorlage. Bearbeiten Sie alle Kanten mit
Schleifpapier und einer Holzfeile. Streichen Sie alle Teile mit der weißen Holzlasur und lassen Sie
alles gut trocknen.

3 Leimen Sie die Vierkantleisten auf die Bodenplatte. Nach dem Trocknen die Leisten von der Unterseite aus mit sieben Schrauben fixieren. Leimen Sie die Flaschenauflage und den Anschlag gemäß
der Vorlage auf die Rückwand. Befestigen Sie von der Rückseite aus die Teile für die Flaschenauflage mit je drei Schrauben und den Flaschenanschlag mit zwei Schrauben.

4 Leimen Sie die Teile für das Dach aneinander. Nach dem Trocknen schrauben Sie die längere Seite
des Daches mit drei Schrauben auf die kürzere Seite. Dann bündig oben auf die Rückwand leimen
und von der Rückseite aus jede Dachseite mit drei Schrauben zusätzlich fixieren. Leimen Sie auch
die Bodenplatte an die Rückwand und fixieren Sie sie mit sechs Schrauben.

5 Füllen Sie die Flasche mit Vogelfutter und drehen Sie den Verschluss auf. Legen Sie das Gurtband
um die Flasche und ziehen Sie es von vorne nach hinten durch die Schlitze. Befestigen Sie das
Gurtband mit zwei Schrauben auf der Rückseite des Häuschens. Nun können Sie den Verschluss
aufdrehen und das Futter verteilt sich auf der Bodenplatte.

MOBILÉ MiT HERZ

Piepmätze willkommen

1 Übertragen Sie das Herz auf das Fichtenleimholz und sägen Sie es mit einer Stich- oder Dekupiersäge aus. Schleifen Sie die Kanten mit Schleifpapier und einer Holzfeile. Binden Sie die drei Äste mit einem 1,70 m langen Kordelstück zusammen: Schlingen Sie dazu die Enden der Kordel jeweils rechts und links um die Äste und verknoten Sie sie.

MOTIVHÖHE

56 cm

MATERIAL

Fichtenleimholz, 1,8 cm stark, 20 cm x 20 cm

3 Äste, ø 2–3 cm, je 60 cm lang

Holzfarbe in Elfenbein und Hellbraun

Schraubhaken, 8x ø 4 mm, 2,3 cm lang, 1x mit offenem Ring, ø 8 mm, 3,2 cm lang

Kordel in Braun, ø 3 mm, 4,50 m lang

Einmachglas mit Aufhängekordel, ø 10 cm, 10 cm hoch

2 Tannenzapfen, ø 9 cm, je 15 cm hoch

Buntstift in Braun

100 g Kokosfett

Vogelfutter und Nüsse

Bohrer, ø 1,5 mm und 2,5 mm, und Bohrmaschine

VORLAGE

Bogen A

● ○ ○

2 Bohren Sie oben zwei 2 mm tiefe Löcher mit ø 1,5 mm und unten ein Loch mit ø 2,5 mm in das Herz. Bohren Sie je ein Loch mit ø 1,5 mm oben in die Tannenzapfen. Bohren Sie in den unten liegenden Ast vier Löcher mit ø 1,5 mm, jeweils 15 cm und 25 cm von den Enden des Astes entfernt. Bemalen Sie das Herz und lassen Sie die Farbe gut trocknen. Bringen Sie den Schriftzug an. Nochmals trocknen lassen. Schattieren Sie die Ränder des Herzens mit dem braunen Buntstift.

3 Drehen Sie die kleineren Schraubhaken in den Ast, in die Tannenzapfen und oben in das Herz. Den größeren Schraubhaken mit dem offenen Ring unten an der Spitze des Herzens anbringen. Knoten Sie das Herz mit 2 x 20 cm Kordel an die mittleren Schraubhaken des Astes. Füllen Sie das Einmachglas mit Nüssen und hängen Sie es mit einer Kordel in den Schraubhaken mit dem offenen Ring.

4 Zerlassen Sie das Kokosfett und rühren Sie das Vogelfutter ein. Lassen Sie die Masse erkalten, bis sie kurz vor dem Festwerden ist. Füllen Sie die Masse mit einem kleinen Löffel in die Zwischenräume der Tannenzapfen. Gut abkühlen lassen. Dann die Zapfen mit je 1,20 m Kordel an die äußeren Schraubhaken des Astes hängen.

RiESENPiLZE

Lecker! Futter!

1   Markieren Sie auf den Böden der Tonschalen den Mittelpunkt und bohren
    Sie jeweils ein Loch mit ø 6 mm. Anschließend malen Sie die Punkte mit
    ø 1,5 bis 3 cm auf die Böden und die Seitenwände der Tonschalen. Die Farbe
    gut trocknen lassen.

2   Ziehen Sie die Kordeln durch die Aufhängeschlaufen der Futterstangen und
    anschließend durch die Bohrungen der Tonschalen. Knoten Sie jeweils die
    Enden der Kordeln zusammen. Fertig sind die Riesenpilze!

MOTIVHÖHE
32 cm

MATERIAL
2 Tonschalen, ø 18,5 cm, je 9 cm hoch
Acrylfarbe in Creme

2 Maxi-Futterstangen mit Aufhängeschlaufe,
je 25 cm lang

Kordel in Braun-Weiß gestreift, ø 2 mm,
2x 40 cm lang

Glasbohrer, ø 6 mm, und Bohrmaschine

FRiSCHES OBST UND NÜSSCHEN

nährstoffreich angerichtet

1   Sägen Sie den Boden und den Korpus des Häuschens gemäß der Vorlage zu. Für das Dach sägen Sie zwei 22 cm x 19 cm große Rechtecke zu. Schrägen Sie jeweils eine kürzere Seite des Rechtecks im 30°-Winkel ab. Sägen Sie für die Gläser zwei Ausschnitte gemäß der Vorlage in den Boden des Häuschens.

2   Bohren Sie gemäß der Vorlage zwei Löcher mit ø 6 mm in den Korpus. Teilen Sie den Rundholzstab in ein 20 cm und ein 7 cm langes Stück. Das 7 cm lange Stück spitzen Sie auf beiden Seiten mit dem Spitzer an. Schleifen Sie die Kanten mit Schleifpapier und einer Holzfeile. Bemalen Sie den Boden und den Korpus mit der kieferfarbenen Holzlasur, die Teile für das Dach in Grau. Lassen Sie alles gut trocknen.

3   Leimen Sie den Korpus mittig auf den Boden. Nach dem Trocknen befestigen Sie ihn von der Unterseite des Bodens aus zusätzlich mit drei Schrauben. Leimen Sie das Dach mittig auf und schrauben Sie jede Dachseite mit einer Schraube auf den Korpus. Schieben Sie die Rundholzstäbe bis zur Hälfte durch die Bohrungen und malen Sie sie anschließend mit weißer Holzfarbe an.

4   Bringen Sie die Schindeln an. Da die Schindeln versetzt liegen, müssen Sie einige Schindeln halbieren. Beginnen Sie an den unteren Dachkanten und arbeiten Sie sich nach oben. Die erste Schindelreihe wird umgekehrt aufgenagelt, damit die komplette Dachfläche abgedeckt ist. In den folgenden Reihen die Reihen abwechselnd mit einer ganzen Schindel und mit einer halben Schindel beginnen. Nageln Sie die Reihen nacheinander leicht überlappend auf, sodass Sie mit acht Reihen pro Dachseite auskommen. Nageln Sie den First an der Spitze des Daches fest. Bohren Sie mittig ein 5 mm tiefes Loch mit ø 1,5 mm in den First. Drehen Sie den Schraubhaken ein und befestigen Sie daran die Kordel.

MOTIVHÖHE

37,5 cm

MATERIAL

Fichtenleimholz, 1,8 cm stark, 45 cm x 50 cm

Rundholzstab ø 8 cm, 27 cm lang

Holzlasur in Kiefer und Grau

Holzfarbe in Weiß

60 Flachkopfnägel, ø 1 mm, je 1 cm lang

5 Spaxschrauben, ø 3 mm, 6 cm lang

Schraubhaken, ø 8 mm, 3,2 cm lang

9 Dachschindeln in Grau, 50 cm x 5 cm

Dachfirst in Grau, 50 cm x 11,5 cm

2 konische Gläser, ø 7,5 cm, je 6 cm hoch

Kordel in Rot-Beige gestreift, ø 3 mm, 40 cm lang

Bohrer, ø 1,5 mm und 8 mm, und Bohrmaschine

Kreisschneider, ø 6,7 cm

Spitzer

VORLAGE

Bogen B

PORZELLANSCHALE UND -TELLER

genüsslich futtern unterm Schutzdach

1 Messen Sie die Mittelpunkte der Schale und des Tellers aus und markieren Sie sie mit einem wasserfesten Stift. Bohren Sie mit dem Glasbohrer jeweils ein Loch mit ø 6 mm.

2 Schrauben Sie die selbstsichernde Mutter an ein Ende des Gewindestabes und ziehen Sie dann eine Unterlegscheibe auf. Dann schieben Sie den Gewindestab von unten durch das Loch in der Schale. Ziehen Sie eine weitere Unterlegscheibe und anschließend eine Mutter auf. Die Mutter gut anziehen, sodass die Schale fest sitzt. Jetzt das Aluminiumrohr auf den Gewindestab ziehen. Eine weitere Mutter aufschrauben, auf die Sie nochmals eine Unterlegscheibe legen.

3 Nun den Teller mit dem nach oben weisenden Tellerboden auf der Gewindestange befestigen: Ziehen Sie die letzte Unterlegscheibe auf die Gewindestange auf und schrauben Sie die Gewindemuffe darauf auf. Drehen Sie zum Schluss die Ringschraube in die Gewindemuffe und hängen Sie die Futterstelle mit der Kordel auf.

MOTIVHÖHE

19 cm

MATERIAL

Porzellanschale mit Muster, ø 16 cm, 7,5 cm hoch, und Unterteller, ø 21,5 cm, 4 cm hoch

Gewindestab, 20 cm lang

2 Muttern, ø 6 mm, und selbstsichernde Mutter, ø 6 mm

4 Unterlegscheiben, ø 2 cm, Innendurchmesser: 6 mm

Aluminiumrohr, ø 8 mm, Innen-ø: 6,2 mm, 16 cm lang

Gewindemuffe, ø 6 mm, 2,5 cm lang

Ringschraube mit Gewinde, ø 6 mm, 7 cm lang

Kordel in Hellblau-Beige gestreift, ø 2 mm, 80 cm lang

Glasbohrer, ø 6 mm, und Bohrmaschine

Maulschlüssel, ø 1 cm

● ● ○

LANDEPLATZ MIT ZINKEIMERN

jedem Vogel seinen Platz

1 Sägen Sie für die Bodenplatte der Futterstelle ein 30 cm x 20 cm großes Rechteck aus dem 2,8 cm starken Fichtenleimholz aus. Sägen Sie aus demselben Holz eine Scheibe mit ø 15,5 cm aus. Übertragen Sie den Vogel auf das 1,8 cm starke Fichtenleimholz und sägen Sie ihn und den Ausschnitt mit einer Stich- oder Dekupiersäge aus. Bearbeiten Sie alle Kanten mit Schleifpapier und einer Holzfeile.

2 Bohren Sie sechs 5 cm tiefe Löcher mit ø 4 mm gemäß der Vorlage in den Rand der Scheibe. Bohren Sie ein 1,5 cm tiefes Loch mit ø 6 mm in die Mitte der Scheibe und ein 2 cm tiefes Loch mit ø 6 mm gemäß der Vorlage in den Fuß des Vogels. Lasieren Sie den Vierkantstab, die Bodenplatte und die Scheibe in Kiefer. Malen Sie den Vogel mit der weißen Holzfarbe an. Lassen Sie die Farbe gut trocknen.

3 Leimen Sie den Vierkantstab mittig auf die Bodenplatte und lassen Sie den Leim trocknen. Fixieren Sie die Bodenplatte zusätzlich von der Unterseite aus mit zwei Schrauben. Leimen Sie die Scheibe oben auf den Vierkantstab und fixieren Sie sie zusätzlich rechts und links von der Bohrung mit zwei Schrauben. Leimen Sie den Rundholzstab in die Bohrung der Scheibe. Kleben Sie den Vogel auf den Rundholzstab und die Heringe in die Löcher im Rand der Scheibe.

4 Drehen Sie nun den Schraubhaken in den Vierkantstab. Durchstechen Sie jede Erdnuss mit der Nähnadel und ziehen Sie die Nüsse auf den Draht auf. Den Draht zu einem Kranz formen. Die Enden des Drahtes miteinander mit der Zange verdrehen und die überstehenden Enden abzwicken. Dann das Chiffonband an den Kranz knoten, durch den Schraubhaken ziehen und festknoten. Die Zinkeimer an die Zeltheringe hängen und mit Futter füllen.

MOTIVHÖHE
1,18 m

MATERIAL
Fichtenleimholz, 2,8 cm stark, 50 cm x 20 cm, und 1,8 cm stark, 20 cm x 15 cm

Vierkantstab, 4 cm x 4 cm, 1,20 m lang

Rundholzstab, ø 6 mm, 3,5 cm lang

Holzlasur in Kiefer

Holzfarbe in Weiß

4 Spaxschrauben, ø 3,5 mm, 7 cm lang

6 Zeltheringe mit offenen Ringen, ø 4 mm, 18 cm lang

Schraubhaken mit offenem Ring, ø 4 mm, 2,3 cm lang

22 Erdnüsse

Draht in Silber, ø 1 mm, 50 cm lang

Chiffonband in Weiß, 7 mm breit, 25 cm lang

6 Zinkeimer, ø 6,5 cm, 6 cm hoch

Bohrer, ø 1,5 mm, 4 mm und 6 mm, und Bohrmaschine

kleine Zange

dicke Nähnadel

VORLAGE
Bogen B

● ● ○

KREATIV.INSPIRATION.

Inspirierende Bücher für kreative Menschen! In unserer Reihe KREATIV.INSPIRATION. finden Sie die schönsten Anleitungen zu beliebten Kreativtechniken. Auf jeder liebevoll gestalteten Seite erwartet Sie eine neue Welt voller Kreativität und eine Fülle an Ideen zum Nachmachen. Lassen Sie sich inspirieren!

TOPP 5990
ISBN 978-3-7724-5990-0

TOPP 7569
ISBN 978-3-7724-7569-6

TOPP 7582
ISBN 978-3-7724-7582-5

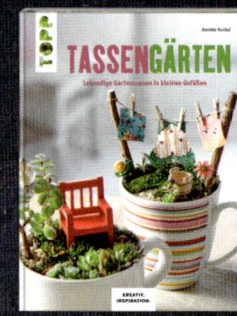

TOPP 7618
ISBN 978-3-7724-7618-1

TOPP 6412
ISBN 978-3-7724-6412-6

TOPP 6407
ISBN 978-3-7724-6407-2

TOPP 8015
ISBN 978-3-7724-8015-7

TOPP 7617
ISBN 978-3-7724-7617-4

TOPP 7593
ISBN 978-3-7724-7593-1

TOPP 7602
ISBN 978-3-7724-7602-0

TOPP 6405
ISBN 978-3-7724-6405-8

TOPP 6415
ISBN 978-3-7724-6415-7

UNSERE BUCHTIPPS FÜR SIE

Entdecken Sie die ganze Welt der Kreativität! Weitere Buchtipps und Informationen zu aktuellen Basteltrends finden Sie auch im Internet unter www.topp-kreativ.de.

TOPP 7622
ISBN 978-3-7724-7622-8

TOPP 4233
ISBN 978-3-7724-4233-9

TOPP 7691
ISBN 978-3-7724-7691-4

TOPP 7638
ISBN 978-3-7724-7638-9

TOPP 7534
ISBN 978-3-7724-7534-4

TOPP 7543
ISBN 978-3-7724-7543-6

TOPP 6344
ISBN 978-3-7724-6344-0

TOPP 7578
ISBN 978-3-7724-7578-8

TOPP 5971
ISBN 978-3-7724-5971-9

DIE AUTORIN

Gudrun Schmitt wurde 1963 in Fulda geboren und hat vier, in der Zwischenzeit schon fast erwachsene Kinder. Sie hat schon immer gerne gemalt und gebastelt; das Vorbild waren die Eltern, die bis heute mit viel Freude und Fantasie kreative Dinge herstellen. Nach dem Schulabschluss erlernte sie den eigentlich unkreativen Beruf der Bankkauffrau. Nach der Geburt des ersten Sohnes flammte aber die Leidenschaft zum Basteln wieder auf. In den folgenden Jahren leitete sie Kinderkreativkurse und Seidenmalkurse in verschiedenen Familienbildungsstätten. 1998 erschien in Zusammenarbeit mit ihrer Schwester das erste Kreativbuch im frechverlag.

DANKE

Ich bedanke mich bei der Firma Rayher für die freundliche Unterstützung mit Materialien.

IMPRESSUM

FOTOS: frechverlag GmbH, 70499 Stuttgart, lichtpunkt, Michael Ruder, Stuttgart; Gudrun Schmitt (alle Arbeitsschrittfotos)
PRODUKTMANAGEMENT: Claudia Mack, Madeleine Fritz
LEKTORAT: Susanne Dubbers, Ludwigsburg
REIHENLAYOUT: Katrin Röhlig
SATZ: Reemers Publishing Services GmbH
DRUCK UND BINDUNG: STÜRTZ GmbH, Würzburg

1. Auflage 2016
© 2016 frechverlag GmbH, Turbinenstraße 7, 70499 Stuttgart

ISBN 978-3-7724-7688-4 • Best.-Nr. 7688